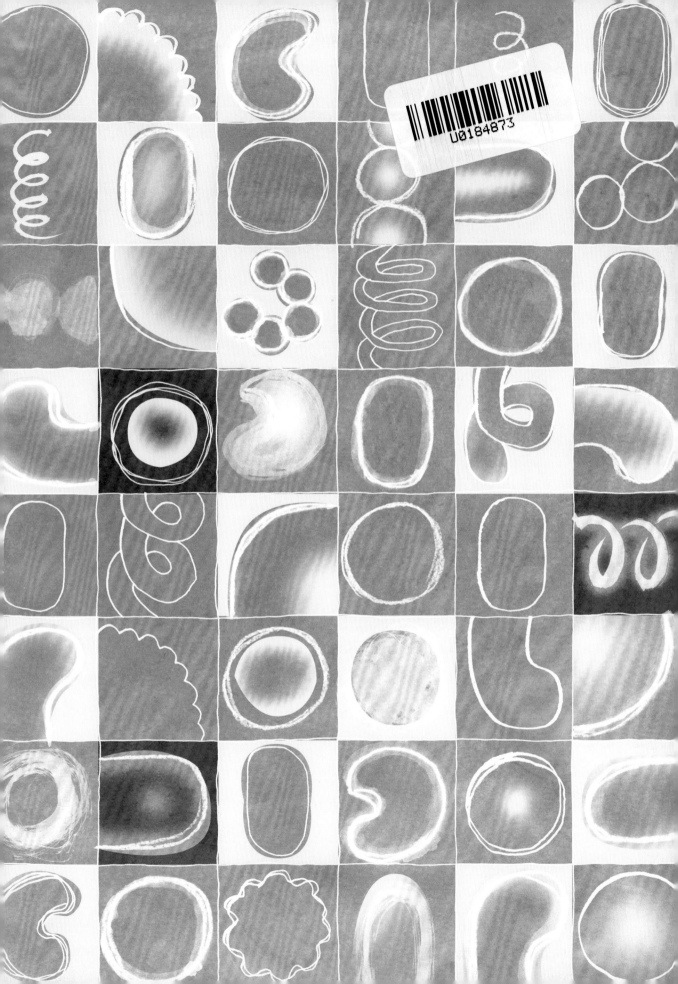

图书在版编目（CIP）数据

好细菌，坏细菌 / 蒋万知文；张云开图. -- 北京：
天天出版社，2021.6
（看不见的微世界）
ISBN 978-7-5016-1725-8

Ⅰ.①好… Ⅱ.①蒋… ②张… Ⅲ.①细菌- 少儿读物 Ⅳ.①Q939.1-49

中国版本图书馆CIP数据核字(2021)第118683号

责任编辑：董 蕾　　　　　　　　　美术编辑：卢 婧
责任印制：康远超 张 璞

出版发行：天天出版社有限责任公司
地址：北京市东城区东中街 42 号　　　　　邮编：100027
市场部：010-64169902　　　　　传真：010-64169902
网址：http://www.tiantianpublishing.com
邮箱：tiantiancbs@163.com

印刷：北京博海升彩色印刷有限公司　　经销：全国新华书店等
开本：889×1194　1/16　　　　　　　印张：2
版次：2021 年 6 月北京第 1 版　印次：2021 年 6 月第 1 次印刷
字数：25 千字　　　　　　　　　　　印数：1-5,000 册

书号：978-7-5016-1725-8　　　　　　定价：38.00 元

看不见的微世界

好细菌，坏细菌

蒋万知/文　张云开/图

人民文学出版社　天天出版社

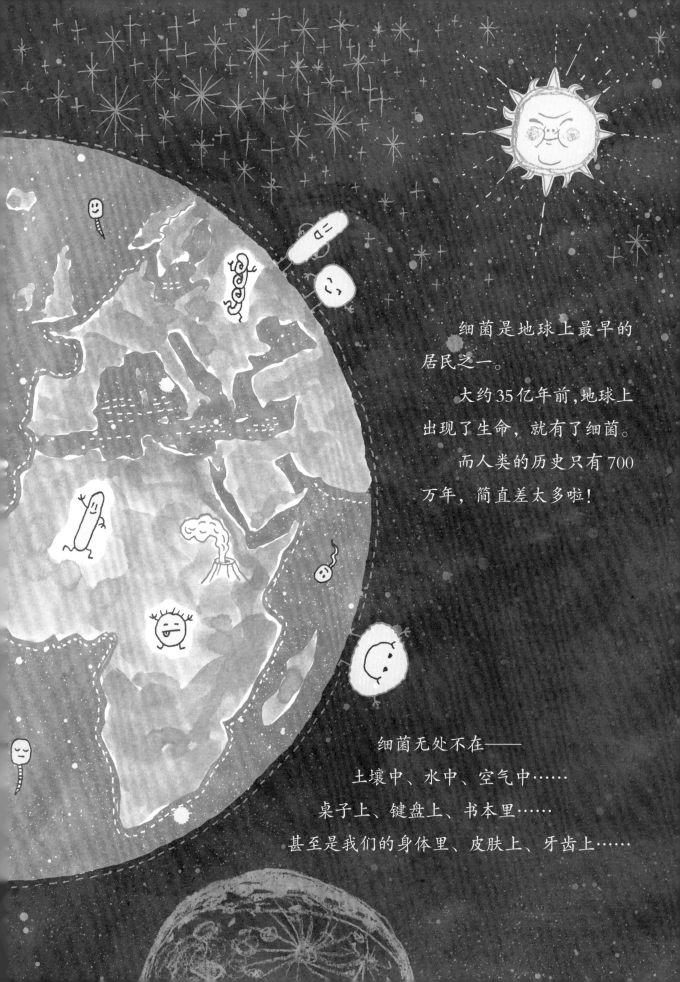

细菌是地球上最早的
居民之一。

大约35亿年前,地球上
出现了生命,就有了细菌。

而人类的历史只有700
万年,简直差太多啦!

细菌无处不在——

土壤中、水中、空气中……

桌子上、键盘上、书本里……

甚至是我们的身体里、皮肤上、牙齿上……

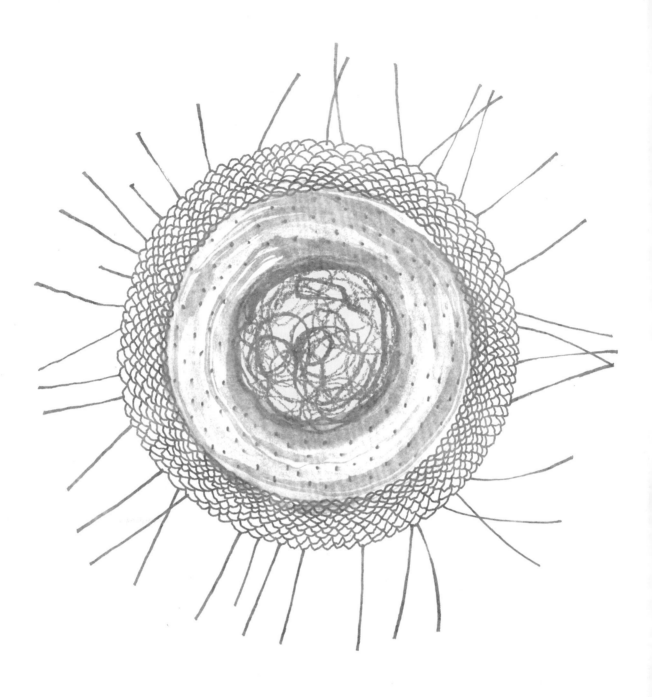

　　细菌很小很小。

　　目前已知最小的细菌是 2015 年科学家发现的一种极小细菌。150 个极小细菌相当于一个大肠杆菌，15 万个大肠杆菌相当于人类一根头发的直径。

目前已知最大的
细菌是纳米比亚嗜硫
珠菌，直径 0.75 毫米，
和果蝇的卵差不多大，
像一颗发光的小珍珠。
它是为数不多肉眼能
看到的细菌。

细胞壁　细胞膜　细胞质　核体

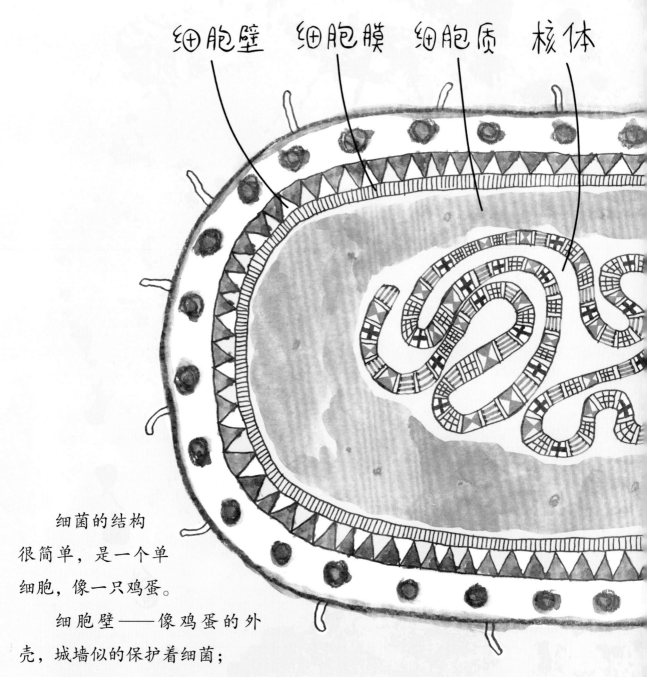

　　细菌的结构
很简单，是一个单
细胞，像一只鸡蛋。

　　细胞壁——像鸡蛋的外
壳，城墙似的保护着细菌；

　　细胞膜——像紧贴着鸡蛋壳的薄膜，所有营养物质的进进出出，都
由细胞膜来把关；

　　细胞质——像流动的蛋清，有许多透明的、胶状或颗粒状的物质；

　　核体——像蛋黄。核体中藏着细菌的生命密码。

　　有的细菌还长着胡须似的菌毛；有的细菌有尾巴似的鞭毛；有的细
菌还有防弹衣似的荚膜。

荚膜　菌毛　鞭毛

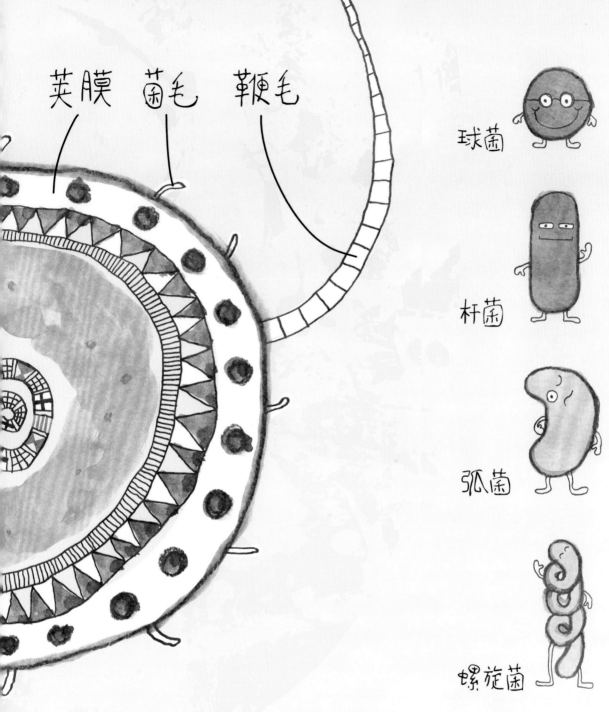

球菌

杆菌

弧菌

螺旋菌

肉眼看不见的世界里，细菌千姿百态。

不过，我们可以这样分类：

形状像球的，我们叫它球菌；

形状像圆柱形的，我们叫它杆菌；

形状弯弯的，我们叫它弧菌；

形状是螺旋状的，我们叫它螺旋菌。

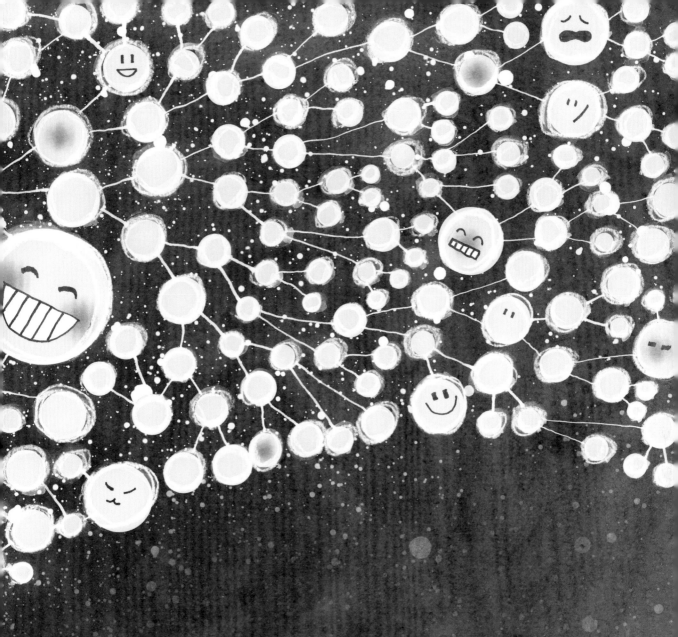

一个细菌很难干成了不起的事情，毕竟它太小啦！

但细菌拥有惊人的繁殖能力：一个能变两个，两个能变四个，四个能变八个……

你能想象吗？如果拥有合适的环境和充足的营养，24 小时内，一个细菌能分裂成 4722366500 万亿个细菌。

小小的细菌，生存本领非常强。

有的细菌，特别不怕热。太平洋海底的火山口有一种能忍受300℃高温的细菌。

有的细菌，特别不怕冷。南极的冰层是嗜冷菌的天堂——顾名思义，嗜冷菌就是爱好寒冷的细菌。

有的细菌，生活在云层之上。

2009年印度科学家在4万米的高空发现了3种细菌。

有的细菌，生活在大海深处。

2008年美国科学家在海洋中2800米深的地方发现了细菌。

有时候，细菌对人类很友好。

细菌家族里有守护人类健康的健康大师。

在我们的胃和肠道里生活着许多有益的细菌，比如双歧杆菌和乳酸杆菌，它们能帮助抑制肠道中有害菌的生长。

我们每天消化食物、吸收营养、拉便便都离不开这些有益细菌的帮助。

细菌家族里有能净化环境的美容大师。

又脏又臭的污水里含有不少有机污染物。这些污染物清理起来可费劲了。

但是一些细菌，比如红酵母、假单胞菌等，能将污水里的有机污染物分解成无害的二氧化碳和水，这可是污水处理厂的一大窍门。

细菌家族里有能变废为宝的能源大师——一些细菌，比如芽孢杆菌，能把甘蔗、麦秆甚至木屑变成有用的燃料。

细菌家族里还有能帮助植物生长的园艺大师——一些细菌，比如硝化细菌，能帮助植物吸收氮、磷、钾，这些微量元素都是植物生长的好帮手。

有时候，细菌对人类十分不友好。它们会攻击人类，给人类带来疾病和灾难。

被人类称为黑死病的鼠疫，曾经夺走了亿万人的生命。直到19世纪末20世纪初，人类终于发现黑死病的罪魁祸首不是老鼠，而是老鼠身上携带的细菌家族成员——鼠疫杆菌。

伤寒杆菌拥有顽强的生命力，在水中可存活两三周，在粪便中能存活一两个月，在冰冻环境中可存活好几个月。

19世纪50年代，克里米亚战争爆发时，因伤寒死亡的士兵数量是因战伤死亡的10倍。

曾引发大量死亡病例的霍乱传染病，是由霍乱弧菌引起的。

折磨人类几千年的麻风病，是由麻风分枝杆菌引起的。

曾广泛流行的肺结核病，是由结核分枝杆菌引起的。

肺炎球菌、脑膜炎奈瑟菌、幽门螺杆菌等都给人类带来了灾难。

科技的进步,使人类在抗菌战争中节节胜利。

科学家不断研究出抗细菌的药物。

19世纪初,英国的弗莱明发现了青霉素。青霉素就像一把坚不可摧的利剑,毫不留情地损坏细菌的细胞壁——坚固的城墙没有了,细菌也完蛋了。

链霉素、金霉素、土霉素……越来越多的细菌克星相继被人类发现。

许多曾严重危害人类的细菌性疾病,都被人类控制住了。

细菌的克星还有很多。

巴氏消毒法是运用在食品工业上的低温消毒法。

19世纪，一位叫巴斯德的法国科学家发现，把酒、牛奶等饮品放在50-60℃的环境里，保持半个小时，就可以杀死饮品中的细菌，又不会影响饮品的口感。

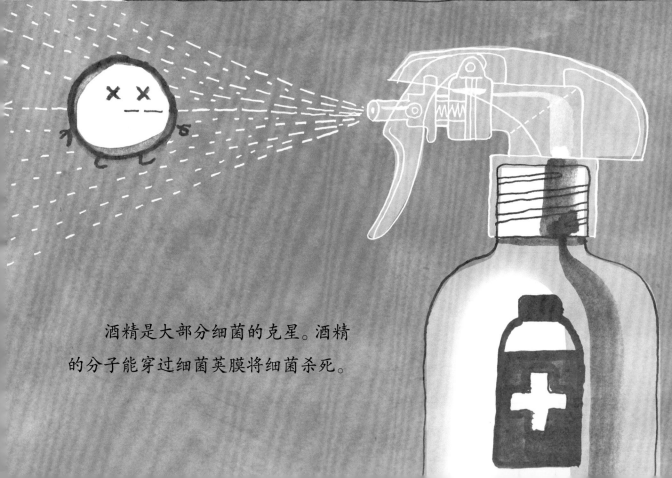

酒精是大部分细菌的克星。酒精的分子能穿过细菌荚膜将细菌杀死。

紫外线、高温高压、消毒液……
都是能杀死细菌的好办法。

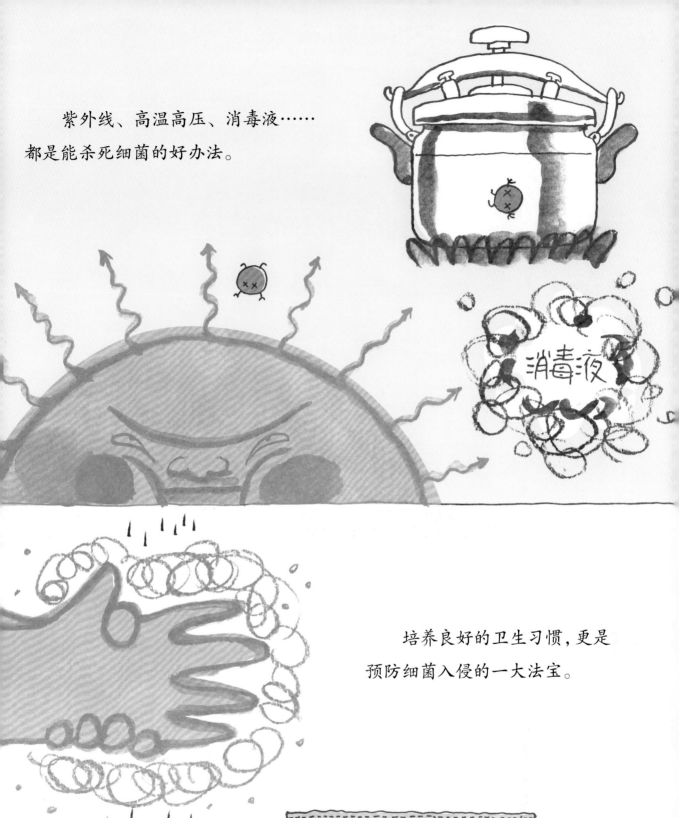

培养良好的卫生习惯，更是
预防细菌入侵的一大法宝。

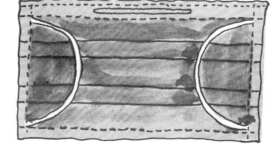

人类对抗坏细菌的战争胜利了吗？

细菌会通过不断地进化和变异成为超级细菌。
超级细菌就像凶猛的大怪兽，很多抗细菌药
物根本对付不了它们。
人类的抗菌战争，又碰到了大麻烦！

细菌，真是让人又爱又恨。
未来到底会怎么样呢？
人类与细菌的友谊还将持续，
人类与细菌的战争也将持续！

　　蒋万知，文学学士，传播学硕士，长期从事科技管理和科普规划工作，策划组织了多项大型科普活动。

　　著有科普图画书作品"看不见的微世界"系列、"影响世界的中国贡献"系列、"搞笑的动物科学绘本"系列、"超级科学粉丝——小云豹奔奔大冒险"系列等，用生动有趣的形式引领孩子们迈入科学世界。其中"看不见的微世界"获第十届湖南省优秀科普作品二等奖。